Lieferung 17 Preis 1 Mark

Gesamtpreis des Werkes gebunden 25 Mark

DIE ZEICHENKUNST

METHODISCHE DARSTELLUNG DES GESAMTEN ZEICHENWESENS

UNTER MITWIRKUNG
VON
A. ANDĚL, LUDWIG HANS FISCHER, M. FÜRST, O. HUPP, A. KULL, KONRAD LANGE, A. MICHOLITSCH, ADOLF MÖLLER, PAUL NAUMANN, F. REISS, A. v. SAINT-GEORGE, KARL STATSMANN, R. TRUNK, J. VONDERLINN UND HERMANN WIRTH

HERAUSGEGEBEN
VON
KARL KIMMICH

ZWEITE
VERBESSERTE UND VERMEHRTE AUFLAGE

MIT 1157 ABBILDUNGEN IM TEXT
UND 60 TAFELN IN FARBEN- UND LICHTDRUCK

23 LIEFERUNGEN à 1 MARK UND 2 EINBANDDECKEN à 1 MARK
KOMPLETT IN 2 ORIGINALLEINENBÄNDEN 25 MARK

LEIPZIG
G. J. GÖSCHEN'SCHE VERLAGSHANDLUNG

Einzelne Lieferungen werden nicht abgegeben
Die Abnahme von Lieferung 1 verpflichtet zum Bezug des ganzen Werkes

Fig. 909 wurde für Weißstickerei entworfen und läßt in der reichen Ornamentierung die Anwendung mehrfacher Techniken dieser Stickerei zu.

g) Tamburierarbeit.

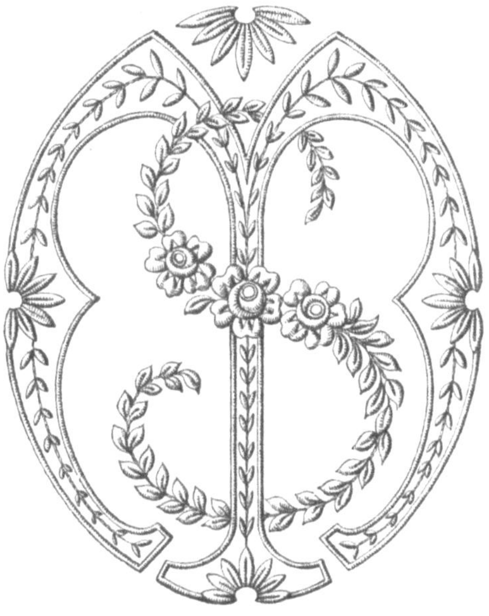

Fig. 909.

Obwohl die Tamburiertechnik nicht als Stickerei im eigentlichen Sinne zu bezeichnen ist, kann sie dennoch hier nicht gut übergangen werden, da sie einigermaßen zur Ergänzung der Buntstickerei dient und gewisse hübsche Effekte in letzterer gerade durch eine Kombination mit Tamburierarbeit erreicht werden.

In den weitaus meisten Fällen wird die Tamburierarbeit allerdings ganz selbständig angewendet. Aus dem Orient stammend, wirkt dieselbe auch stets dann am besten, wenn sie dem reichen Formenschatz ihrer Heimat treu bleibt; ihre Verwertung ist vielseitig, es gibt kaum eine Stilart, welche ihre Anwendung nicht zuließe.

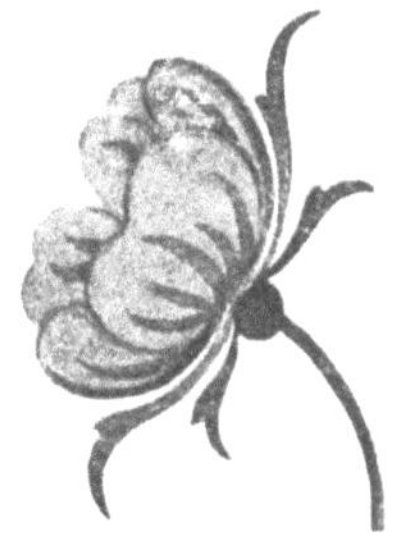

Fig. 910.

Zur Ausführung werden ebensowohl drellierte Seide als Garn- und Goldfäden verwendet.

Die Zeichnung kann aus geraden, mit wellenförmig verbundenen Linien, aus Halbkreisen, Mäandern und geometrischen Sternen usw. bestehen. Doch werden auch größere Kompositionen mit Pflanzenornamenten für diese Technik geschaffen; nur müssen sie stilisiert sein und die Schattentöne in möglichster Vereinfachung abgrenzend eingezeichnet werden (Fig. 910).

h) Arabische Technik.

Wie der Name besagt, stammt diese Stickereigattung aus dem Orient; sie wirkt daher, wie die Tamburierarbeit, am besten mit orientalischen Formen- und Farbenkombinationen.

Bei Originalarbeiten dieser Technik sind die einzelnen Teile der Formen in je einer Farbe hergestellt, und zwar zumeist in abstechenden lebhaften Tönen. Dieselben erhalten dann entweder eine Umrandung von Goldschnüren oder Stielstichen in schwarzer Seide oder in irgend einer passenden dunklen Seidennuance.

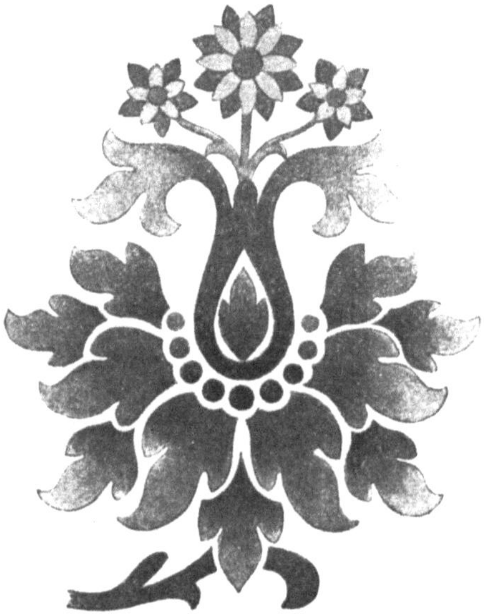

Fig. 911.

Es sind jedoch schattierte Ornamente in der arabischen Technik durchaus nicht ausgeschlossen. Die Kunstgewerbeschule des k. k. österreichischen Museums für Kunst und Industrie in Wien hat prachtvolle Entwürfe dieser Art geschaffen, die an reicher malerischer Wirkung nichts zu wünschen übrig lassen.

Die Ausführung geschieht mit offener Seide und Gold, welch letzteres auch zum Überlegen der Seidenstickerei verwendet werden kann, um dadurch die Arbeit noch reicher zu gestalten. Bei dieser Technik gibt der Zeichner die Stichlage nicht an; die gewandte Stickerin wird sich dieselbe selbst zurechtlegen. (Fig. 911 Pflanzenornament, bei dem die größeren Formen schattiert, die kleinen in je einer Farbe gehalten sind.)

i) Die Knötchentechnik.

Diese Stickerei ist chinesischen Ursprungs und als selbständige Stickerei noch wenig bekannt, was um so bedauerlicher ist, als diese Technik infolge der schönen samtartigen Wirkung besondere Beachtung verdient.

Die Knötchentechnik wird im allgemeinen zur Herstellung von einzelnen Bestandteilen bei der Nadelmalerei, z. B. als Mittelstück der Blumen, bei Staubfäden usw. angewendet; in letzterem Falle sind die einzelnen Knötchen in der Zeichnung mit Punkten zu markieren.

Als selbständige Stickerei wird diese Technik entweder nach chinesischer Art mit abgegrenzten Konturen der einzelnen Farbentöne gezeichnet, oder die Schattierungen können ineinander vermalt werden. (Diese Methode wurde erst vor einigen Jahren von der Verfasserin in der k. k. Kunststickereischule zu Wien eingeführt; hierbei wird die Seide, welche

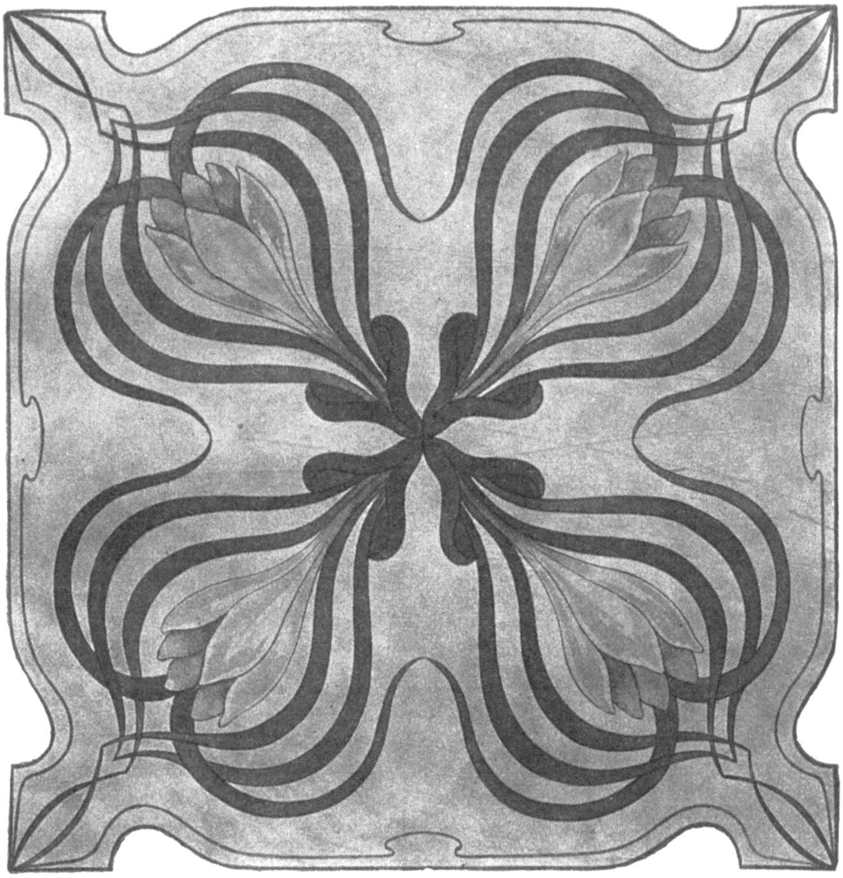

Fig. 912.

aus 6—8 Teilfäden besteht, vor dem Gebrauche durch allmähliches Zusetzen von Schattentönen, unter gleichzeitigem Entfalten der betreffenden Anzahl lichter Fäden, zart schattiert.)

In welcher Art nun auch die Schattierung gezeichnet wird, das eine steht fest: stets müssen die Formen konturiert werden, sei es mit feinen Seidengimpen in Cremefarbe, sei es wie bei der Vorlage (Fig. 912 und Tafel XXXXIII) mit feinen chinesischen Goldfäden.

Noch sei bemerkt, daß sich für die besprochene Technik Blumen- und Pflanzenornamente, sowie jede Art figuraler Darstellung eignen.

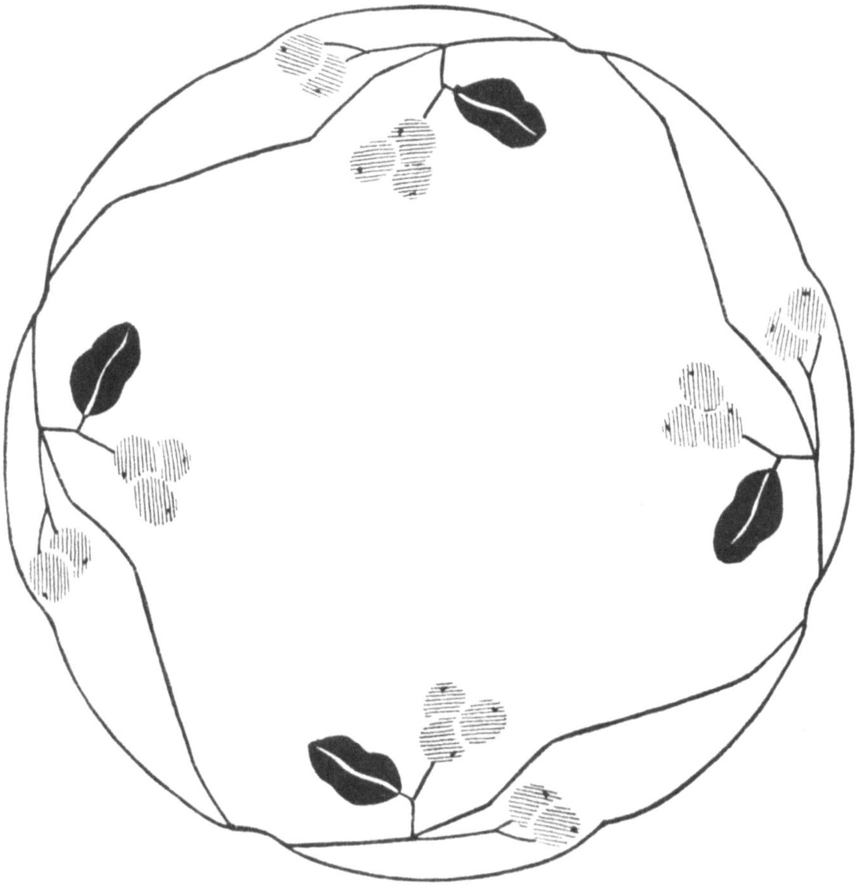

Fig. 913.

k) Der Stielstich.

Der Stielstich wird in möglichst fortlaufenden Linien gezeichnet; doch dürfen diese auch hin und wieder unterbrochen erscheinen, damit man in der Zeichnung kleine Verzierungen anbringen kann. Das Material erlaubt die Wiedergabe der feinsten Formen von geschwungenen Linien,

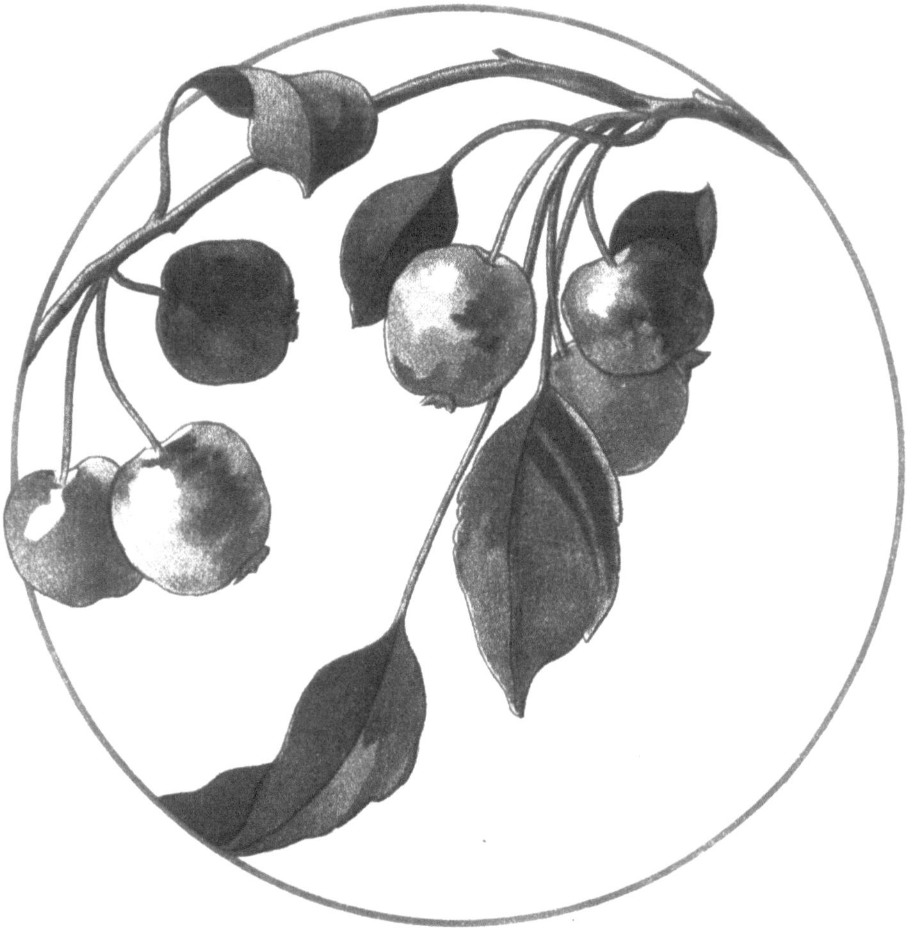

M. Fürst: Knötchentechnik.

daher auch mehr Freiheit in der Komposition. Als Motiv verwendet man vielfach Blätter, Blumen und Fruchtwerk, selbst Tierformen (stilisiert).

Adern, kleine Punkte usw. in den Blättern unterbrechen die Einförmigkeit der Linienführung in wohltuender Weise.

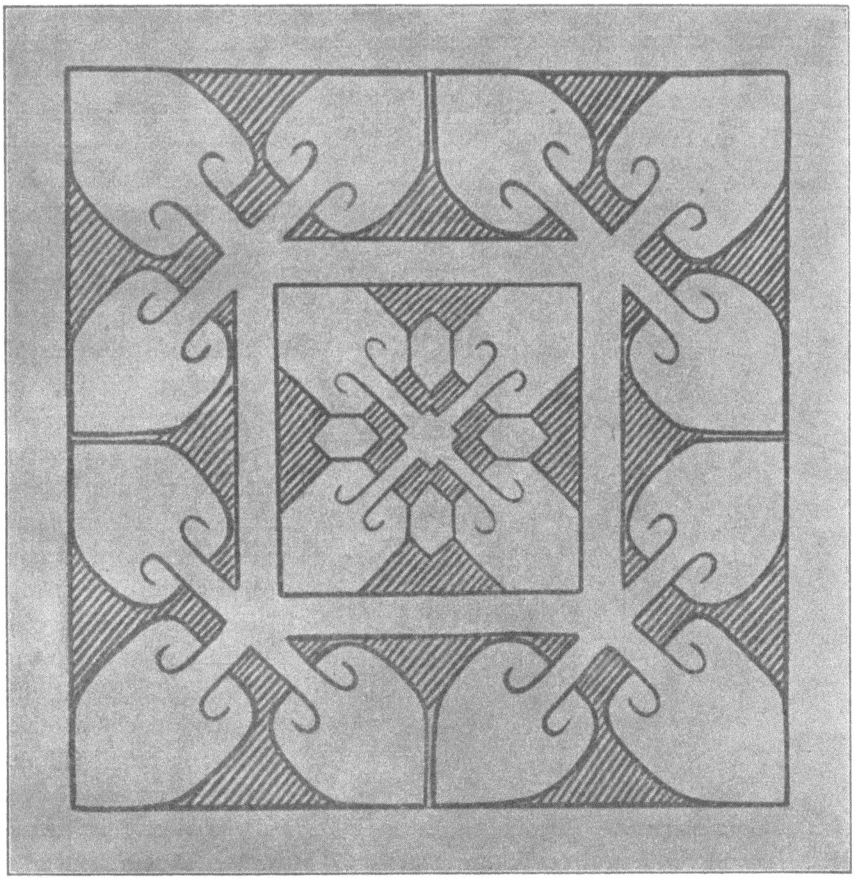

Fig. 914.

Auch ist es bei der Stielstichstickerei gestattet, kleine Punkte oder Blättchen mit dem Plattstich auszuführen.

Diese mannigfachen Zutaten erhöhen das Malerische der Wirkung außerordentlich (Fig. 913 Deckchen in Stiel- und Plattstich).

l) Die Leinenstickerei.

Diese Technik bietet ein reiches Feld für reizende Kompositionen der verschiedensten Art, wobei die stilisierte Blume ein gern angewendetes Motiv bildet.

Zur Ergänzung des oben über die Anordnung der Ornamente mit möglichst gleichmäßiger Raumverteilung Gesagten teilen wir hier eine Art der Ausführung mit, die in der Leinenstickerei von besonders schöner Wirkung ist; das System des Aussparens der Formen. Zu diesem Zwecke werden sämtliche Formen in ihren Konturen mit kräftigen Linien gezeichnet; in den Blättern auch die Adern, sowie in jeder Pflanze das Charakteristische derselben; im übrigen bleibt der Innenraum jeder Form weiß, während der ganze außenliegende Teil des Grundstoffes mit einem feinen Pleinmuster (Pünktchen, Muschen, Linien usw.) in der Farbe der Umrandung ausgefüllt wird. Bei der Ausführung auf Leinwand werden diese Pleinmuster nach gezählten Fäden gearbeitet (Fig. 914). Die Hausindustrie bringt auf diesem Gebiete reiche Anregung und unzählige charakteristische Muster, die stets stilisiert erscheinen. Die Ausführung in Stickerei geschieht zumeist mit rotem oder blauem Stickgarn in zwei bis drei Nuancen, oder aber in goldig-gelber, schwarzer oder weißer Seide.

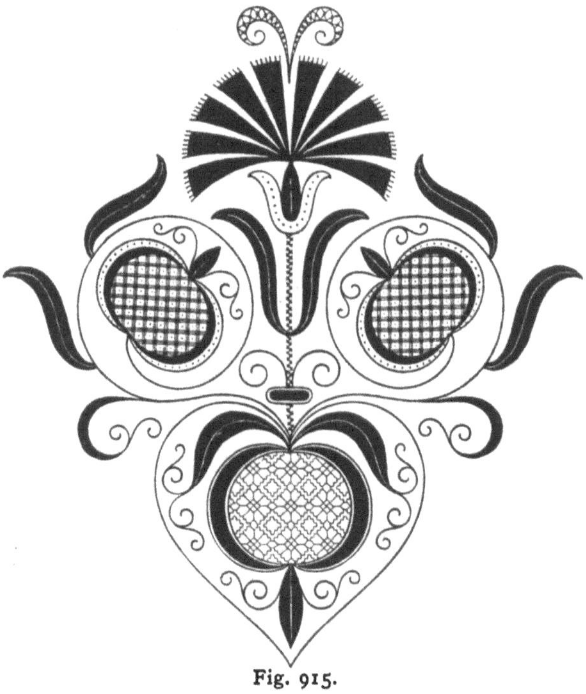

Fig. 915.

Kleine Formen werden mit Plattstickerei hergestellt; bei großen Formen ist es besser und wirkungsvoller, wenn die Flächen mit zierlichen

Musterungen ausgefüllt sind. Durch diese verschiedenen sogenannten Füllmuster, welche bei Leinwand nach gezählten Fäden gearbeitet werden, wird eine reiche Abwechslung in die Zeichnung gebracht; denn je nach Art des Musters erscheint die Form licht oder dunkel (Fig. 915).

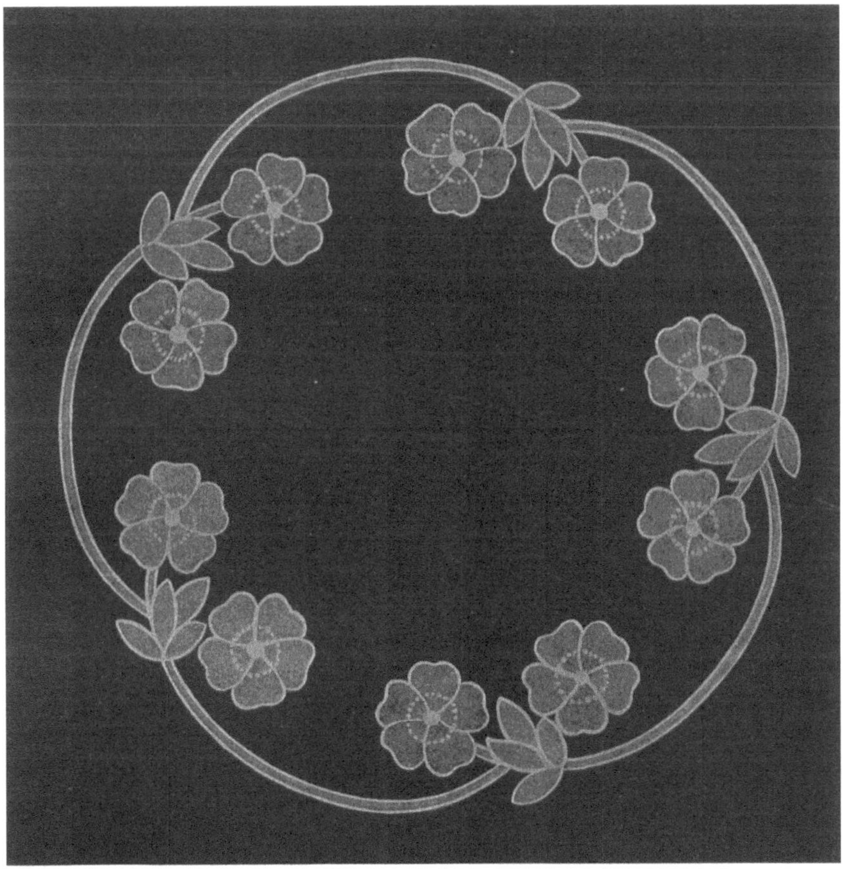

Fig. 916.

m) Die Weißstickerei.

Die im folgenden zu besprechende Stickerei ist im allgemeinen als diejenige zu betrachten, welche zu den meisten Stickereitechniken den Grund legt, insbesondere zu solchen, die im Relief erscheinen und einer plastischen Unterlage bedürfen, wie einige Goldstickereiarten.

Eine Zeichnung für Weißstickerei erfordert leichte, zierliche oder reich gegliederte, schmale Formen, wenn dieselbe nämlich für Hochstickerei bestimmt ist. Auf der Zeichnung sollen Licht und Schatten angedeutet werden; die Stickerin erreicht diese Wirkung teils durch die Art des Unterlegens, teils durch gewisse Sticharten und Unterlagen, welche Licht und Schatten markieren (Fig. 916 Untersatz).

Eine Komposition kann übrigens auch aus größeren Formen bestehen; bei solchen werden die äußeren Konturen mit Hochstickerei hergestellt, während das Innere mit Zierstichen und passenden Durchbruchmustern (à jour) gefüllt wird, welche in die Stickerei reiche Abwechslung bringen. Es empfiehlt sich, die Zwischenräume bei größeren Formen mit passendem Blätter- und Rankenwerk auszufüllen. Pflanzenornamente eignen sich vorzüglich für die Weißstickerei, da durch diese Technik die schärfsten Zackenlinien, sowie reich und zierlich geschwungenes Rankenwerk tadellos zur Ausführung gebracht werden können.

Figur 917 zeigt die Hälfte eines Taschentuches in Weißstickerei auf Tüllgrund mit Spitzenstichen.

Somit sind dem Zeichner für diese Technik keine gar so engen Grenzen gezogen (vgl. Fig. 918 Bordüre).

Die Zeichnung führt man mit weißer Farbe auf dunklem Papier aus; dabei ist es von guter Wirkung, Spitzen- und Füllstiche fein auszuführen, so daß die Zeichnung den Eindruck einer gestickten Arbeit macht. Will man an gewissen Stellen eine leichtere, durchscheinende Wirkung erzielen, so trägt man die weiße Farbe etwas dünner auf. Hier sei auch der jetzt so beliebten Lochstickerei Erwähnung getan, welche Figur 919 (Kinderkragen) deutlich veranschaulicht.

n) Gleichseitige Flachstickerei

(nach japanischer Art, mit abgegrenzten Konturen der angewendeten Farbentöne).

Das Charakteristische der gleichseitigen japanischen Stickerei liegt darin, daß die Farbentöne nicht einschattiert werden, sondern dort, wo eine Abtönung des Kolorits Platz greifen soll, eine Farbe neben die andere gesetzt wird, sowie daß die Formen stets durch einen schmalen, gleichmäßigen Zwischenraum voneinander getrennt sind, welcher sich denselben anzupassen hat.

Bei Blättern oder Blumen mit zwei oder mehreren Farbennuancen werden die betreffenden Farbentöne nebeneinander gestickt. Die Grenze

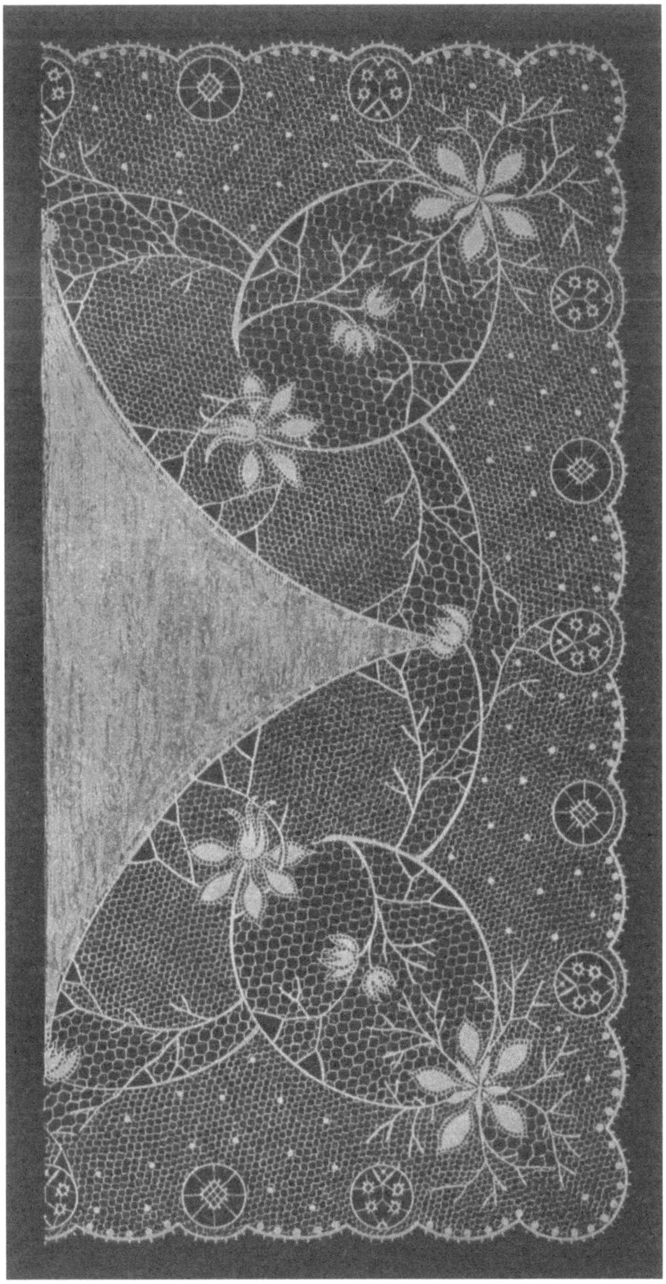

Fig. 917.

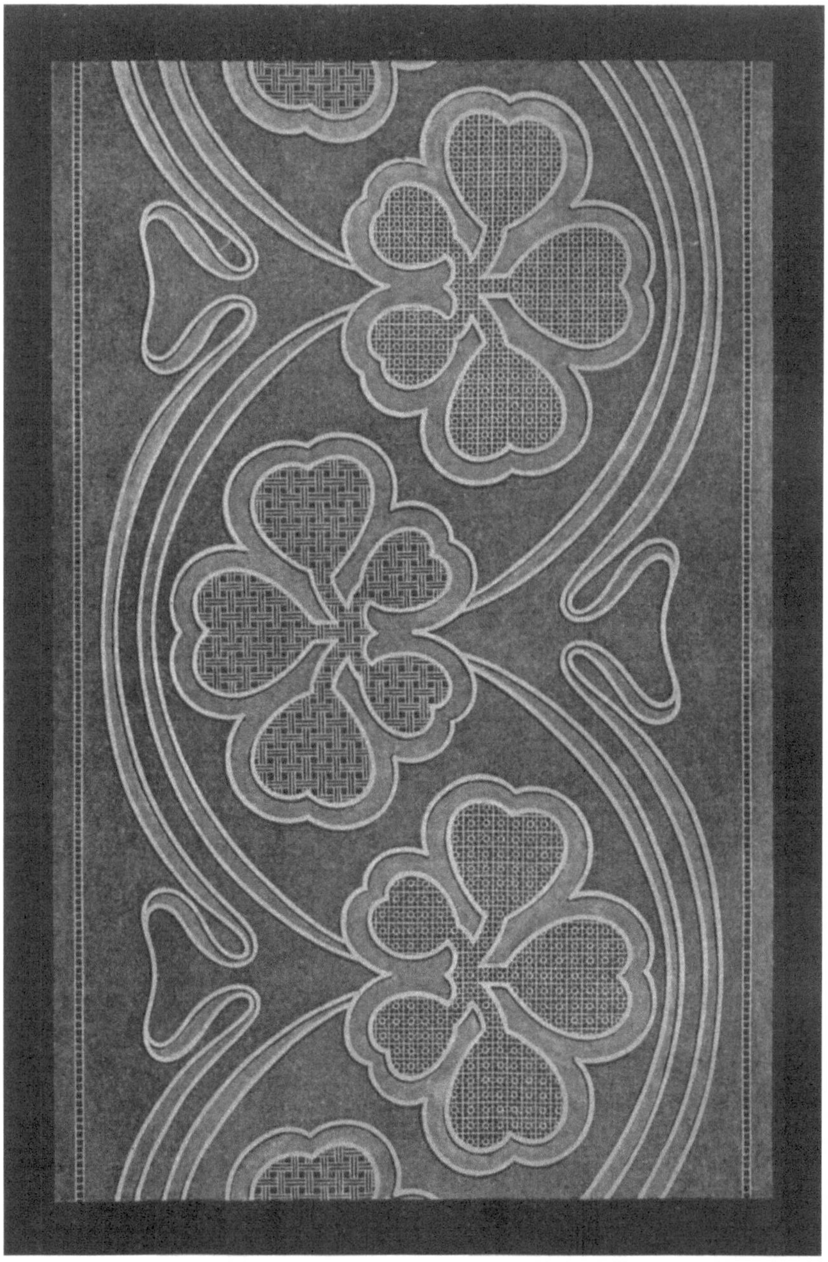

Fig. 918.

jeder einzelnen Nuance ist in das Blatt mit einer Linie einzuzeichnen, welche stets der äußeren Kontur des Blattes in seiner Bewegung folgen muß.

Die Adern der breiteren Blätter werden durch einen Zwischenraum markiert, der bei der Stickerei ausgespart wird.

Fig. 919.

Ausnahmsweise braucht dieser Zwischenraum nicht gleichmäßig breit zu sein, sondern er muß nach der Spitze des Blattes zu sehr schmal und nach unten hin allmählich breiter werden (Fig. 920 beliebtes japanisches Motiv, Vogel und Blumen).

Im allgemeinen eignen sich zur Ausführung der gleichseitigen Stickerei am besten Blumenornamente und stilisierte Blumen. Die

Zeichnung soll möglichst einfach und klar gehalten sein; insbesondere müssen starke Biegungen vermieden werden, da bei der gleichseitigen Stickerei die Stiche flach nebeneinanderliegen sollen und das Einfügen von kleinen Stichen, um Biegungen zu ermöglichen, bei dieser Technik nicht zulässig ist.

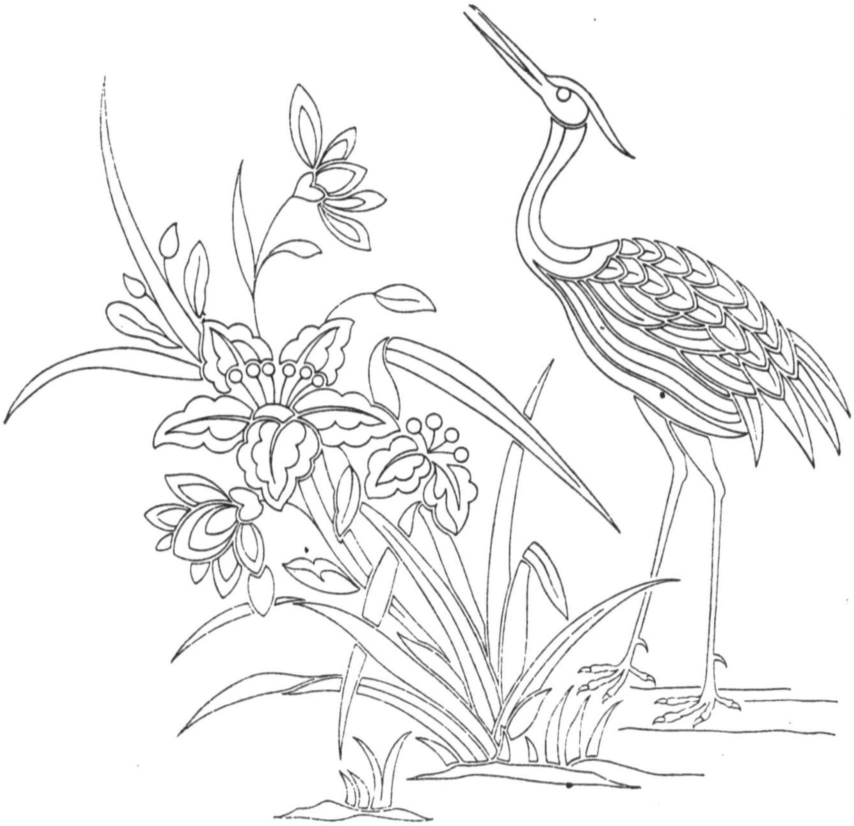

Fig. 920.

o) Die Nadelmalerei.

Für diese schöne, edelste unter den Stickereitechniken eignen sich vorzugsweise Pflanzenornamente, doch sind selbst figurale Ausführungen nicht ausgeschlossen, wenn dieselben innerhalb gewisser Grenzen gehalten sind.

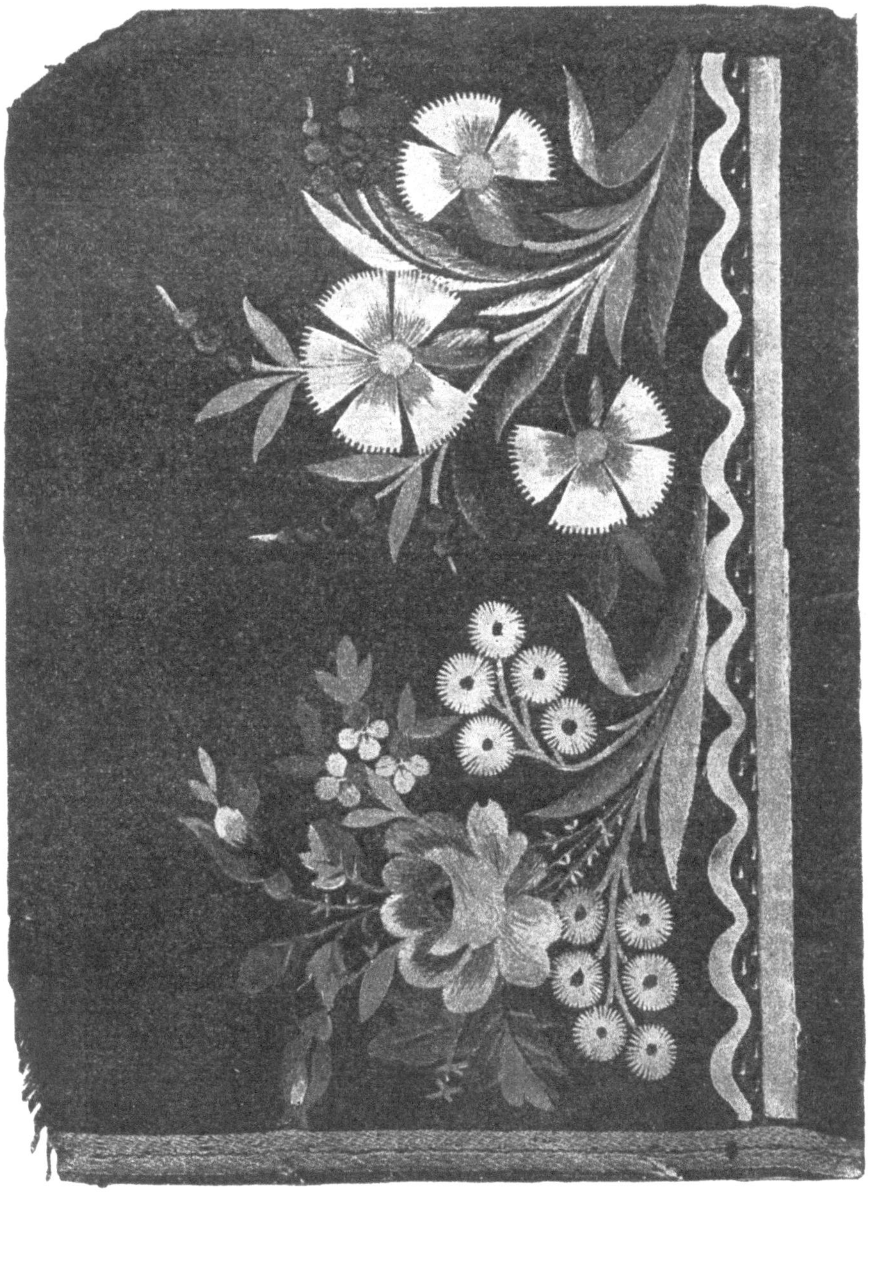

Fig. 921.

Die Zeichnungen für Nadelmalerei können ebensowohl stilisiert als auch naturalistisch gehalten sein, doch sind sie im letzteren Falle so zu entwerfen, daß Blumen, Blätter usw. nicht mehrfach übereinander zu liegen kommen.

Im Gegensatz zur Malerei muß die Anordnung vielfach vereinfacht werden; schon die einzelnen Formen sind mehr auseinanderzuhalten. Auch darf die Komposition nicht zu reichlichen, gedrängten Farbenwechsel aufweisen, da dies, abgesehen von den technischen Schwierigkeiten, den einheitlichen Charakter der Stickerei stören würde.

Bei dem Entwurfe einer Zeichnung für die Stickerei ist sorgsames Eingehen auf die Gesetze der Farbenlehre noch mehr geboten als bei der Malerei, da bei der ersteren die Wirkungen der Farben weit aufdringlicher erscheinen. Man wende daher zumeist gebrochene Farben an und richte die größte Sorgfalt auf eine gleichmäßige Verteilung derselben, insbesondere bei Bordüren und dergleichen, wo eine Farbe wiederholt erscheint (vgl. die Narzissen auf Tafel **XXXII**, Bordüre „Alt-Wien" Fig. 921 und Tafel **XXXXIII** a).

Bei figuralen Kompositionen ist die Gewandung ebenfalls nach den im vorstehenden erklärten Regeln zu entwerfen; für die Fleischteile verwende man möglichst wenig Farben, da diese mit der Zeit ungleichmäßig verblassen; zu kleinen Figuren jedoch rate ich, nur einen Lokalton und ein bis zwei Schattentöne zu verwenden; desgleichen bei den Haaren, indem schon die Bewegung der Stichlage nach den Haarwellen eine schöne Schattierung gibt.

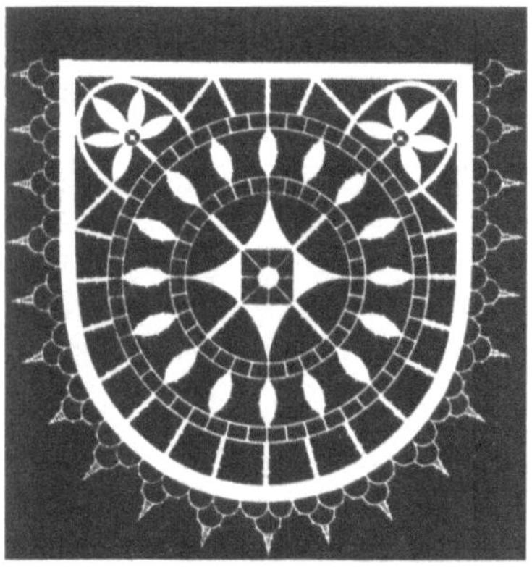

Fig. 922.

Spitzen.

p) Die Reticella.

Diese Spitze ist, wie die echte Venetianerspitze, mit verschiedenen Stich										arten frei auf die Zeichnung gearbeitet, letztere aufs genaueste mit Zirkel und Winkelmaß konstruiert. Dieser schönen, gediegenen Spitzenarbeit liegen meistens geometrische Zeichnungen als Motive zugrunde, am häufigsten die Sternform oder die Zacke.

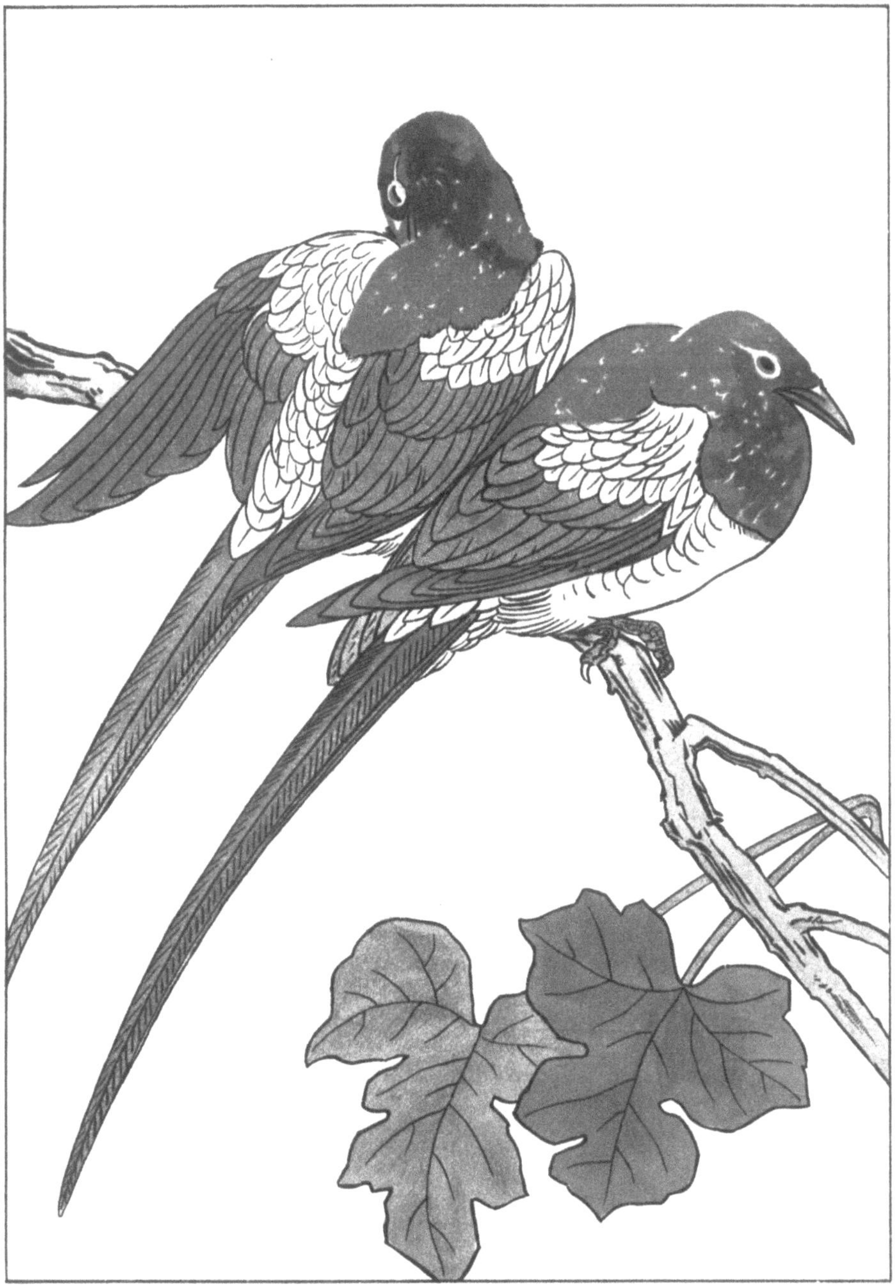

M. Fürst: Nadelmalerei.

Es finden sich dafür unzählige Motive von berufener Hand in den Zeichnungen alter Spitzenbücher. Die prachtvollsten Entwürfe für diese Spitze aus neuerer Zeit stammen aus der Kunstgewerbeschule des k. k. österreichischen Museums in Wien (Fig. 922 Zacke in Reticellaspitze).

Zur Ausführung genannter Spitze wird unter die Zeichnung schwarzes Pergamentpapier gelegt; dann werden die Konturen der ersteren wie bei Anfertigung einer Pause, jedoch nicht so dicht, durchstochen. Dieses derart vorbereitete Pergamentpapier dient der Stickerin als Grundlage für ihre Arbeit.

q) Die Pointlace-Spitze.

Zur Herstellung dieser Spitze werden schmale Bändchen auf eine vorgezeichnete Unterlage aus Pausleinwand aufgeheftet und mit Spitzenstichen verbunden. Das Muster ist also, ähnlich wie bei den Litzenverschnürungen, durch ein fortlaufendes Bändchen herzustellen. Je nach der Breite und Feinheit des zu verwendenden Bändchens werden zierlichere oder derbere Formen gewählt.

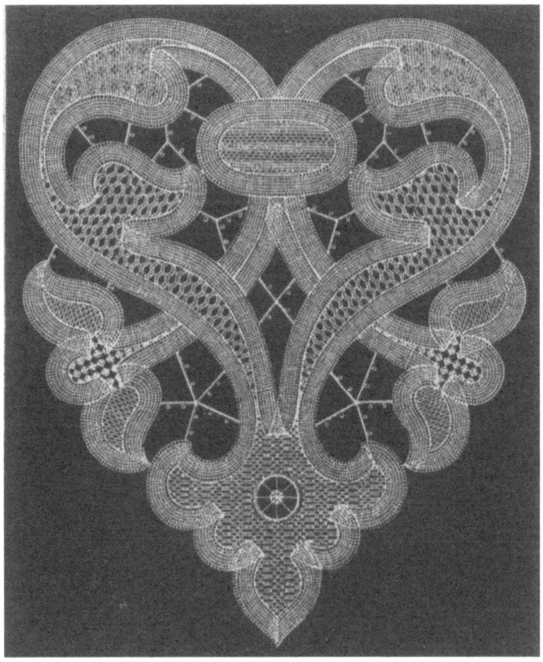

Fig. 923.

Das Bändchen bildet die Konturen des Ornaments und wird innerhalb der Formen durch Zierstiche verschiedenster Art, bei feinen Arbeiten auch durch Tüll, verbunden, während der Grund durch sogenannte „Spinnen" ausgefüllt wird, die übrigens im Ornament, wenn dasselbe klar hervortreten soll, als Zierstich keine Anwendung finden dürfen. Wird ein Pflanzenornament gewählt, so kann es bei dieser Technik nur stilisiert erscheinen. (Vgl. Fig. 923, welche ein Krawattenende vorstellt.)

Zum Anlegen der Zeichnung verwendet man Kohle, da der kräftige Strich derselben zugleich die Breite des Bändchens markiert. Hierauf wischt man mit einem Lappen über die Kohle und zeichnet nun das Bändchen mit Tusche in der richtigen Breite.

Es wird noch darauf aufmerksam gemacht, daß die Zeichnung stets auf der matten Seite der Pausleinwand, und zwar mit kräftigen Strichen ausgeführt wird, während die Arbeit (Bändchenaufnähen und Zierstiche) auf die glatte Seite zu kommen hat.

An den Ecken und Spitzen in der Zeichnung achte man genau auf die Bruchkante des Bändchens und erprobe die Richtigkeit der Zeichnung, indem man ein Bändchen oder einen Papierstreifen genau in dem gleichen Winkel bricht und darauflegt. Die endgültige Ausführung der Zeichnung ist dieselbe wie bei der Weißstickerei.

r) Die venezianische Spitze.

(Auf Leinwand gestickt.)

Diese schöne Imitation der echten venezianischen Spitze, welche eine der kostbarsten und kunstreichsten Spitzen ist, deren Grund nur aus Feston- und Spitzenstichen besteht, wird auf Leinwand gearbeitet, nachdem die Zeichnung mittels gestochener Pause auf erstere übertragen und aufgezeichnet oder mit einem Apparat chemisch fixiert worden ist.

Die Konturen werden in dichtem Festonstich gestickt und die einzelnen Formen mittels brides verbunden, welche mit kleinen picots versehen sind.

Das Innere der größeren Formen wird mit punto tirato oder irgend einer Durchbrucharbeit verziert; ferner werden an passenden Stellen kleine kreisförmige Verzierungen mit Festonstichen angebracht, welche von picots umgeben sind.

Sämtliche Konturen sollen etwas unterlegt werden; dies ist beim Auszeichnen zu berücksichtigen, damit man sieht, daß die Konturen en relief gearbeitet werden sollen.

Wenn die ganze Arbeit beendet ist, wird der Grund außerhalb der Formen ausgeschnitten.

FSC
www.fsc.org
MIX
Papier | Fördert gute Waldnutzung
FSC® C083411

Kolibri 360 GmbH
Ferdinand-Jühlke-Straße 7
99095 Erfurt, Deutschland
produktsicherheit@kolibri360.de